**Trattament**

Abdul Gani Abdul Jameel

# Trattamento delle acque reflue delle concerie

ScienciaScripts

**Imprint**

Any brand names and product names mentioned in this book are subject to trademark, brand or patent protection and are trademarks or registered trademarks of their respective holders. The use of brand names, product names, common names, trade names, product descriptions etc. even without a particular marking in this work is in no way to be construed to mean that such names may be regarded as unrestricted in respect of trademark and brand protection legislation and could thus be used by anyone.

Cover image: www.ingimage.com

This book is a translation from the original published under ISBN 978-3-659-85166-7.

Publisher:
Sciencia Scripts
is a trademark of
Dodo Books Indian Ocean Ltd. and OmniScriptum S.R.L publishing group

120 High Road, East Finchley, London, N2 9ED, United Kingdom
Str. Armeneasca 28/1, office 1, Chisinau MD-2012, Republic of Moldova, Europe

ISBN: 978-620-8-34813-7

# INDICE DEI CONTENUTI

# ABSTRACT

La presente indagine mira a confrontare le prestazioni complessive dell'elettrodo a disco rotante utilizzato in modalità Batch, Batch recirculation e Once through nel trattamento delle acque reflue di conceria con il metodo dell'elettrossidazione. Sono stati valutati criticamente gli effetti della densità di corrente (i), della velocità di rotazione del catodo (r), della durata dell'elettrolisi, del pH iniziale e della portata dell'acqua di scarico sulla rimozione degli inquinanti e sul consumo energetico specifico. La risposta dei parametri di processo è stata misurata in termini di rimozione del carbonio organico totale (TOC). Il meccanismo della reazione di elettro-ossidazione è stato modellato utilizzando la cinetica del primo ordine. L'analisi GC-MS delle acque reflue grezze e trattate mostra che gli effluenti della conceria possono essere efficacemente trattati con l'ossidazione elettrochimica.

## RICONOSCIMENTO

Desidero esprimere il mio più grande apprezzamento e la mia profonda gratitudine al mio relatore, il **dottor N. Balasubramanian**, professore associato del Dipartimento di Ingegneria Chimica. La sua eccellente guida e i suoi costanti consigli mi hanno motivato per tutta la durata di questa tesi di master. Senza il suo incoraggiamento e la sua guida questo progetto non si sarebbe concretizzato.

Esprimo la mia gratitudine al Dr. P. Kaliraj, Dean, A.C. College of Technology, Anna University e al Dr. N. Nagendra Gandhi, Head, Department of Chemical Engineering, A.C. College of Technology, Anna University per avermi fornito le agevolazioni previste.

Ringrazio il Dr. R. Palani per avermi aiutato nella ricerca sperimentale svolta per questo lavoro.

Non avrei potuto portare avanti la mia ricerca in modo così attivo se non avessi avuto la piacevole compagnia dei miei amici, che sono stati molto gentili e collaborativi e hanno mantenuto un ambiente molto amichevole qui, nel laboratorio di elettrochimica.

Infine, ma non per questo meno importante, esprimo la mia più sentita gratitudine ai miei genitori per l'amore e le benedizioni che mi hanno permesso di portare a termine il progetto con successo.

Abdul Gani Abdul Jameel

## ELENCO DEI SIMBOLI E DELLE ABBREVIAZIONI

| | |
|---|---|
| $A_e$ | Effective anode area |
| $C_A$ | Total Organic Carbon of effluent at a given time |
| $C_{Ao}$ | Total Organic Carbon of untreated effluent |
| COD | Chemical Oxygen Demand |
| CETP | Common Effluent Treatment Plant |
| DC | Direct Current |
| EO | Electro oxidation |
| F | Faraday Constant |
| i | Current Density |
| K | Mass Transfer Coefficient |
| r | Cathode Rotational Speed |
| RDE | Rotating Disc Electrode |
| T | electrolysis time |
| TDS | Total Dissolved Solids |
| TOC | Total Organic Carbon |
| TSS | Total Suspended Solids |
| $V_e$ | Volume of the effluent |

# CAPITOLO 1

## INTRODUZIONE

L'industria indiana della pelle è un grande protagonista a livello mondiale e una delle principali fonti di entrate in valuta estera. L'India è il terzo produttore di pelle al mondo, dopo Cina e Italia. L'industria conciaria contribuisce in modo significativo alle esportazioni, alla generazione di posti di lavoro e occupa un ruolo importante nell'economia indiana. D'altra parte, i rifiuti delle concerie sono considerati i più inquinanti tra tutti i rifiuti industriali. Il processo di concia richiede grandi quantità di acqua dolce e varie sostanze chimiche. Per ogni 10 kg di pelli grezze lavorate sono necessari più di 300 litri di acqua. Allo stesso modo, per ogni tonnellata di pelle lavorata sono necessari circa 300 kg di sostanze chimiche. Gli effluenti sono ricchi di solidi organici e inorganici disciolti e sospesi, accompagnati da un'elevata richiesta di ossigeno e contenenti residui di sali metallici potenzialmente tossici. L'odore sgradevole emanato dalla decomposizione dei rifiuti solidi proteici, la presenza di idrogeno solforato, ammoniaca e composti organici volatili sono normalmente associati alle attività conciarie. . Una parte significativa delle sostanze chimiche utilizzate nella lavorazione della pelle non viene assorbita nel processo, ma viene scaricata nell'ambiente. Le acque reflue delle industrie conciarie contengono sostanze organiche, cromo, solfuro, rifiuti solidi, polvere di smerigliatura, ecc.

## 1.1 PROCESSO DI CONCIA

Il processo di concia consiste in una sequenza di processi meccanici e chimici in cui le pelli animali vengono trasformate in prodotti di cuoio. La natura inquinante delle concerie è evidente dal noto odore e dalla presenza di sostanze chimiche tossiche inutilizzate negli scarichi. La figura 1.1 mostra un diagramma di flusso che illustra le fasi generali della lavorazione delle pelli grezze fino alla realizzazione di prodotti in pelle finiti.

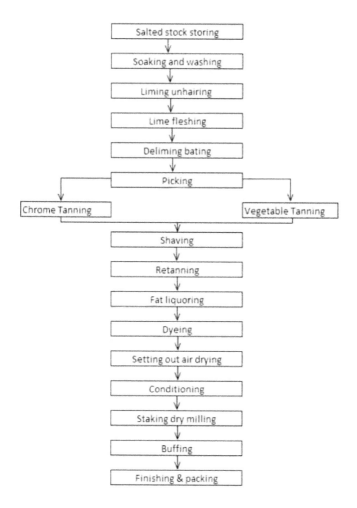

Fig 1 1 Diagramma di flusso generale del processo di concia delle pelli

Il processo di concia si articola in quattro fasi fondamentali: lavorazione preliminare, concia, postconcia e finitura.

### 1.1.1 Elaborazione preliminare

Nella lavorazione preliminare, la materia prima viene preparata per la concia attraverso varie fasi di pulizia/condizionamento:

•    Ammollo: rimuove lo sporco e le impurità, il sangue e i conservanti (NaCl), aiuta le pelli a ritrovare il loro normale contenuto d'acqua, la morbidezza e la forma.

•    Depilazione: rimuove peli, lana e cheratina dalle pelli.

6

- Delimitazione: rimuove l'eccesso di calce utilizzata per la disidratazione mediante $(NH_4)_2SO_4$ / $CO_2$.

- Bating: elimina le impurità aggiungendo enzimi.

- Decapaggio: riduce il pH della pelle, favorendo la concia. La condizione di basso pH inibisce anche le attività enzimatiche. Nel decapaggio vengono aggiunti dei sali per evitare che le pelli si gonfino.

### 1.1.2 Abbronzatura

La concia è il processo che trasforma le pelli animali in cuoio. In questo processo, la pelle viene resa resistente al decadimento biologico stabilizzando la struttura di collagene della pelle, utilizzando sostanze chimiche naturali o sintetiche. Le pelli hanno la capacità di assorbire altre sostanze chimiche che le rendono resistenti all'umidità e ne impediscono il decadimento. Durante la fase di concia, gli agenti concianti interagiscono con la matrice di collagene della pelle, stabilizzando sia il collagene che le proteine. La pelle raggiunge così una resistenza alla degradazione chimica, termica e microbiologica. La concia può essere effettuata sia con agenti concianti vegetali, come la corteccia degli alberi di quebracho (Argentina) o babul (India), sia chimicamente con il cromo. Dopo la concia, le pelli vengono divise orizzontalmente in uno strato superiore, detto fiore, e in uno strato dal lato della carne, detto spacco. Questi strati vengono ulteriormente lavorati separatamente, a volte riconciati e quindi pressati, stirati ed essiccati. Il flusso di scarti del processo di concia contiene agenti concianti in eccesso e tracce di residui di pelle. Le pelli sono generalmente prodotte con la concia al cromo. Il tempo di lavorazione è minore rispetto alla tradizionale concia al vegetale.

### 1.1.3 Post abbronzatura

Nell'operazione di postconciatura, la pelle conciata viene lavata per rimuovere gli agenti concianti non fissati. Durante questo processo vengono utilizzate notevoli quantità di acqua per lavare la pelle conciata.

### 1.1.4 Finitura

Dopo il processo di concia, le pelli vengono sottoposte a una serie di rivestimenti superficiali per migliorarne la resistenza e produrre effetti superficiali gradevoli e uniformi. L'obiettivo generale della rifinizione è quello di migliorare l'aspetto della pelle e di fornire le caratteristiche prestazionali attese dalla pelle finita per quanto riguarda:

- colore

- lucido

- maniglia

Flessione, adesione, resistenza allo sfregamento, nonché altre proprietà come estensibilità, rottura, resistenza alla luce e alla traspirazione, permeabilità al vapore acqueo e resistenza all'acqua, come richiesto per l'uso finale. In generale, le operazioni di finitura possono essere suddivise in processi di finitura meccanica e applicazione di uno strato superficiale.

### 1.1.5 Inquinanti da conceria

La maggior parte dei rischi per l'uomo e per l'ecosistema è dovuta all'inquinamento delle acque sotterranee. Le acque reflue non trattate, gli effluenti industriali e i rifiuti agricoli vengono spesso scaricati nei corpi idrici. Quest'acqua contaminata diffonde un'ampia gamma di malattie trasmesse dall'acqua. I campi agricoli intorno a questi corpi idrici sono colpiti (Chandra e Kulsheshtha, 2004; Tung et al., 2009). I diversi tipi di metalli pesanti trasportati dagli effluenti delle acque reflue vengono riversati liberamente nei fiumi vicini, causandone la contaminazione. L'impatto degli effluenti è così stupefacente che l'acqua è diventata inadatta per l'uso potabile e l'irrigazione. Il totale dei solidi disciolti nelle acque sotterranee è di 17.000 mg/l. Il cloruro di sodio è la principale sostanza chimica dominante presente nelle acque sotterranee, che le rende inadatte all'uso potabile e all'irrigazione (Waziri, 2006). Una singola conceria può causare l'inquinamento delle acque sotterranee nel raggio di 7-8 chilometri. Nel Tamilnadu si trova più del 60% delle industrie conciarie economicamente importanti dell'India; le acque reflue delle concerie, contenenti composti di cromo e sodio, hanno contaminato più di 55.000 ettari di terreni agricoli e di falde acquifere vicine (Mahimairaja et al., 2005).

In genere, gli effluenti delle concerie contengono soprattutto solfuro di sodio e (o) idrosolfuro di sodio (EPA, 1990; Valeika *et al.*, 2006) che contribuiscono in modo significativo all'inquinamento ambientale. Le acque reflue provenienti dai processi di lavorazione della maglieria, delimitazione e battitura possono contenere solfuri, sali di ammonio e sali di calcio e sono debolmente alcaline. Gli effluenti del decapaggio e della concia del cromo contengono cromo, cloruri e solfati (UNIDO, 2000). I principali inquinanti della postconcia sono il cromo, i sali, i residui di coloranti, gli agenti di lisciviazione dei grassi, i sintani e altre sostanze organiche, tipicamente misurate con il COD (Bajza e Vrcek, 2001; UNIDO, 2000). Le acque reflue delle concerie rilasciano un'elevata quantità di materia organica nell'ambiente. I composti organici presenti in questi rifiuti sono: composti polifenolici, condensati di acidi acrilici, etossilati alifatici, acidi grassi, coloranti, proteine, carboidrati solubili (Szpryokowicz *et al.*, 1995; Naumczyk *et al.*, 1996).

## 1.2 METODI DI TRATTAMENTO

### 1.2.1 Convenzionale

In generale, i metodi di trattamento convenzionali degli effluenti organici possono essere classificati in processi fisici, chimici e biologici (Parag et al., 2004; Rameshraja e Suresh, 2011). Tradizionalmente, il trattamento fisico viene utilizzato per rimuovere il materiale grossolano, seguito dai metodi fisico-chimici. I metodi fisico-chimici consistono nell'ossidazione/precipitazione chimica, nella sedimentazione, nella filtrazione, nella coagulazione/flocculazione, nell'adsorbimento, nello scambio ionico ecc. (Benefield at al., 1982; EPA, 2004; UNEP, 2004; Metes *et al.*, 2004; Jing-Wei *et al.*, 2007; Zhiet *al.*, 2009; Espinoza Quinones et al., 2009; Bengilel al., 2009). I metodi biochimici includono la biodegradazione, il bisorbimento, ecc. (Telang et al., 1997; Seyoum et al., 2004; Martinez *et al.*, 2003; Farabegoliet *al.*, 2004; Galiana et al. (2005) hanno sperimentato la nanofiltrazione per ridurre lo ione solfato presente nell'effluente conciario e hanno riportato una rimozione superiore al 90% degli ioni solfato. Banu e Kaliappan (2007) hanno sperimentato un reattore up flow airlift per trattare gli effluenti della conceria. Suthantharajan (2004) ha proposto un processo a membrana per trattare e riutilizzare gli effluenti della conceria. In generale, questi trattamenti convenzionali non sono in grado di ridurre tutti i parametri inquinanti, COD, cloruri, solfati e ammoniaca (Molinari *et al.*, 1997; Molinari *et al.*, 2001; Mohajerani *et al.*, 2009).

## 1.2.2 Processo di ossidazione avanzata (AOP)

I metodi biologici di trattamento degli effluenti industriali sono adatti solo per gli organici facilmente degradabili. Tuttavia, questi metodi diventano inefficaci per gli effluenti contenenti inquinanti organici refrattari (resistenti al trattamento biologico). Per superare questo problema sono stati sviluppati processi di ossidazione avanzata (AOP) (Rameshraja e Suresh, 2011). Negli AOP vengono generati, attraverso diverse tecniche, ossidanti molto potenti come ozono, perossido di idrogeno, ossigeno di Fenton e aria. I radicali ossidanti sono molto reattivi e attaccano le molecole organiche con costanti di velocità molto elevate (Hoigne et al 1997). Inoltre, gli ossidanti sono caratterizzati da una bassa selettività, che è un attributo utile per un ossidante utilizzato nel trattamento delle acque reflue e per risolvere i problemi di inquinamento. La versatilità degli AOP è anche rafforzata dal fatto che offrono diverse possibilità di produzione dell'ossidante, consentendo così una maggiore conformità ai requisiti specifici di trattamento. I processi di ossidazione avanzata (AOP) sono una tecnologia emergente e promettente sia come trattamento alternativo ai metodi convenzionali di trattamento delle acque reflue sia come potenziamento degli attuali metodi di trattamento biologico, in particolare per quanto riguarda i rifiuti altamente tossici e poco biodegradabili (Chamarroet al., 2001; Lidia et al., 2005a; Stanislaw et al., 2001; Tzitziet al., 1994). Lo svantaggio principale delle AOP è che sono costose rispetto ai sistemi biologici convenzionali (Gimeno et al., 2005). La combinazione di processi chimici e biologici può portare a un processo più economico con una degradazione completa delle sostanze chimiche tossiche.

### 1.2.3 Tecniche di trattamento elettrochimico

L'elettrochimica è una branca della chimica fisica che svolge un ruolo importante nella maggior parte delle aree della scienza e della tecnologia. Inoltre, è sempre più riconosciuta come un mezzo significativo per gestire i problemi ambientali ed energetici di oggi e del prossimo futuro. In breve, l'elettrochimica si occupa del trasferimento di carica all'interfaccia tra un materiale elettricamente conduttivo (o semiconduttivo) e un conduttore ionico (ad esempio liquidi, fusioni o elettroliti solidi), nonché delle reazioni all'interno degli elettroliti e del conseguente equilibrio. La prima applicazione della tecnica elettrochimica per la purificazione dell'acqua è stata effettuata con l'elettrocoagulazione dell'acqua potabile negli Stati Uniti nel 1946 (Stuart et al 1946, Bonilla et al 1947).

Attualmente, le tecnologie elettrochimiche hanno raggiunto uno stato tale da essere non solo paragonabili ad altre tecnologie in termini di costi, ma anche potenzialmente più efficienti e, in alcune situazioni, le tecnologie elettrochimiche possono essere il passo indispensabile per il trattamento di acque reflue contenenti inquinanti refrattari (Chen et al 2004; Genders e Weinberg, 1992). Le tecnologie elettrochimiche offrono diversi processi di trattamento come l'elettrossidazione, l'elettrocoagulazione, l'elettrodisinfezione e l'elettrodeposizione. Molti ricercatori hanno condotto ricerche approfondite sul trattamento di varie acque reflue utilizzando le tecnologie elettrochimiche. La tecnica elettrochimica offre diversi vantaggi (Rajeshwar et al., 1994), come ad esempio

(i)    *versatilità* - ossidazioni e riduzioni dirette o indirette, separazioni di fase, concentrazioni o diluizioni, funzioni biocide, può trattare molti inquinanti: gas, liquidi e solidi, e può trattare da micro litri a milioni di litri, e

9

(ii) *Efficienza energetica:* i processi elettrochimici hanno generalmente temperature più basse. I potenziali possono essere controllati e gli elettrodi e le celle possono essere progettati per ridurre al minimo le perdite di potenza.

(iii) *Facilità di automazione* - le variabili elettriche utilizzate nei processi elettrochimici (I, E) sono particolarmente adatte a facilitare l'acquisizione dei dati, l'automazione e il controllo dei processi.

(iv) *Compatibilità ambientale* - il reagente principale, l'elettrone, è un "reagente pulito" e spesso non è necessario aggiungere altri reagenti.

(v) *efficacia dei costi* - le attrezzature e le operazioni necessarie sono generalmente semplici e, se adeguatamente progettate, sono anche poco costose

La distruzione elettrochimica dei rifiuti presenta numerosi vantaggi in termini di costi e sicurezza. Il processo funziona con un'efficienza elettrochimica molto elevata e opera essenzialmente nelle stesse condizioni per un'ampia varietà di rifiuti.

## 1.3 ELETTRO OSSIDAZIONE

Nel metodo dell'elettroossidazione, la corrente continua (DC) viene fornita al catodo, all'anodo e all'elettrolita (un mezzo che fornisce il meccanismo di trasporto degli ioni tra l'anodo e il catodo necessario per sostenere il processo elettrochimico). Al catodo (un elettrodo in cui avviene la riduzione e dal quale gli elettroni vengono respinti) possono essere rimossi i cationi metallici (soprattutto metalli pesanti); all'anodo (un elettrodo in cui avviene l'ossidazione e verso il quale viaggiano gli elettroni) alcuni inquinanti (ad esempio, composti organici) possono essere ossidati direttamente. Inoltre, una reazione di ossidazione può avvenire nella soluzione in massa da parte di un ossidante generato dagli elettrodi. L'ossidazione elettrochimica è stata ampiamente studiata come mezzo altamente efficiente per controllare l'inquinamento nel trattamento delle acque e delle acque reflue. Un importante vantaggio dell'ossidazione elettrochimica è l'ossidazione degli inquinanti organici in $CO_2$.

Gli inquinanti organici e tossici presenti nelle acque reflue sono solitamente distrutti da un processo anodico diretto o da un'ossidazione anodica indiretta. Il tempo di ossidazione dipende dalla stabilità e dalla concentrazione dei composti, dalla concentrazione dell'elettrolita, dal pH della soluzione e dalla tensione applicata. La velocità di elettro ossidazione diretta degli inquinanti organici dipende dall'attività catalitica dell'anodo, dalla velocità di diffusione dei composti organici nei punti attivi dell'anodo e dalla densità di corrente applicata. Il tasso di elettro-ossidazione indiretta dipende dal tasso di diffusione degli ossidanti secondari in soluzione, dalla temperatura e dal pH. La degradazione efficace degli inquinanti si basa sul processo elettrochimico diretto perché gli ossidanti secondari sono in grado di convertire completamente tutti gli organici in acqua e anidride carbonica.

## 1.4 MECCANISMO DI ELETTROOSSIDAZIONE

Il meccanismo di ossidazione elettrochimica delle acque reflue è un fenomeno complesso che coinvolge l'accoppiamento di una reazione di trasferimento di elettroni con una fase di chemisorbimento del dissociato. Sono stati descritti due tipi limitanti di comportamento degli anodi (classificati come attivi o inattivi a seconda della natura chimica dei materiali anodici). Gli elettrodi attivi subiscono cambiamenti significativi durante il processo e mediano l'ossidazione delle specie organiche attraverso la formazione di ossidi del metallo a stato di ossidazione più elevato (MOx+1) ogni volta che tale stato di ossidazione più elevato è disponibile per l'ossido metallico (ad esempio, Pt, RuO2 o IrO2), portando a un'ossidazione selettiva. Gli elettrodi inattivi agiscono semplicemente come serbatoi di elettroni e i loro componenti non partecipano al processo. Gli elettrodi inattivi non hanno uno stato di ossidazione superiore disponibile e la specie organica viene ossidata direttamente da un radicale ossidrile adsorbito, generalmente con conseguente combustione completa della molecola organica. Tipici elettrodi inattivi sono gli elettrodi a film sottile di diamante e gli ossidi metallici completamente ossidati come PbO2 e SnO2.

Nell'elettro-ossidazione indiretta, i sali di cloruro di sodio vengono aggiunti come elettroliti all'effluente per migliorare la conducibilità e la generazione di ioni HOCl o ipoclorito. Nella concia del cuoio vengono aggiunte quantità significative di sale (cloruro di sodio) al cuoio e quindi l'acqua di scarico contiene ioni cloruro di solito nell'intervallo di 1,5 - 2,0 mg/lit e quindi non è necessaria l'aggiunta di elettroliti esterni. Nella prima fase, l'$H_2O$ viene scaricata all'anodo per produrre radicali idrossilici adsorbiti secondo la reazione

$$RuO_x - TiO_x + H_2O \longrightarrow RuO_N - TiO_N(\bullet OH) + H^+ + e^- \qquad (1)$$

Quando NaCl viene utilizzato come elettrolita di supporto in ambiente alcalino, gli ioni cloruro possono reagire anodicamente con $RuO_x - TiO_\chi(\bullet OH)$ per formare radicali -OCl adsorbiti secondo la reazione

$$RuO_N - TiO_N(\bullet OH) + Cl^- \longrightarrow RuO_N - TiO_N(\bullet OCl) + H^+ + 2e^- \qquad (2)$$

Inoltre, in presenza di ione cloruro, i radicali ipocloriti adsorbiti possono interagire con l'ossigeno già presente nell'anodo di ossido, con la possibile transizione dell'ossigeno dal radicale ipoclorito adsorbito all'ossido, per formare l'ossido superiore RuOx-TiOx +1 secondo la reazione 3. Contemporaneamente, $RuO_\chi - TiO_\chi(\bullet OCl)$ può reagire con lo ione cloruro per generare ossigeno attivo (diossigeno) e cloro secondo le reazioni

$$RuO_x - TiO_x(\bullet OCl) + Cl^- \longrightarrow RuO_x - TiO_x + 1 + Cl_2 + e^- \qquad (3)$$

$$RuO_x - TiO_x(\bullet OCl) + Cl- \longrightarrow RuOx - TiO_x + \frac{1}{2} O_2 + Cl_2 + e^- \qquad (4)$$

Le reazioni di ossidazione anodica degli ioni cloruro per la formazione di cloro in soluzione bulk, date dalle equazioni 3 e 4, procedono ulteriormente come segue,

$$2Cl^- \longrightarrow Cl_2 + 2e^- \tag{5}$$

$$2OH^- \longrightarrow \frac{1}{2} O_2 + H_2O + 2e^- \tag{6}$$

$$Cl_2 + H_2O \longrightarrow H+ + Cl^- + HOCl \tag{7}$$

$$HOCl \longrightarrow H^+ + OCl^- \tag{8}$$

$$Organic + OCl^- \longrightarrow CO_2 + H_2O + Cl^- \tag{9}$$

Poiché i composti organici dell'effluente sono elettrochimicamente inattivi, la reazione principale che si verifica agli anodi è l'ossidazione dello ione cloruro (eq. 3 e 4) con la liberazione di Cl2, che è un forte agente ossidante. Nelle condizioni sperimentali avviene anche la reazione anodica (cioè l'evoluzione dell'ossigeno), attraverso l'ossidazione dello ione idrossile. Il pH è uno dei fattori determinanti della predominanza di questa reazione. Le condizioni acide riducono il contributo di questa reazione anodica. Poiché l'ossigeno è un ossidante relativamente debole, la sua evoluzione ridurrà generalmente l'efficienza attuale del processo. Le sottili bolle di ossigeno che si formano possono fornire non solo un ampio contatto interfacciale gas-liquido, ma anche una migliore miscelazione per migliorare le prestazioni del reattore. Per le reazioni in massa, il Cl2 gassoso si dissolve nelle soluzioni acquose come risultato della ionizzazione, come indicato nell'eq 7. La velocità della reazione in massa è più bassa. La velocità della reazione in massa è più bassa nelle soluzioni acide a causa dell'instabilità dell'OH ed è notevolmente più alta nelle soluzioni basiche a causa della pronta formazione dello ione OCl- (*pKa* ) 7,44) secondo l'eq 8, il che implica che le condizioni di pH basico o neutro sono più favorevoli per la conduzione di reazioni che coinvolgono il cloro. Il tasso di elettro-ossidazione indiretta degli inquinanti organici dipende dalla velocità di diffusione degli ossidanti nella soluzione, dalla portata dell'effluente, dalla temperatura e dal pH. In soluzioni moderatamente alcaline, si verifica un ciclo cloruro-cloro- ipoclorito-cloruro, che produce OCl-. La teoria dello stato stazionario può essere applicata a ciascuno dei prodotti intermedi (HOCl e OCl-) nella soluzione bulk.

## 1.5 ELETTRODO A DISCO ROTANTE

L'elettrodo a disco rotante è progettato per essere montato su un albero di un motore a velocità variabile con velocità angolare regolata intorno a un asse perpendicolare al piano della superficie del disco. Come risultato del movimento, il fluido nello strato adiacente ha una velocità radiale che lo allontana dal centro del disco. Questo fluido viene reintegrato da un flusso perpendicolare alla superficie. In applicazioni specifiche, l'elettrodo a disco rotante può essere utilizzato per aumentare il trasferimento di massa che porta allo sgrassamento dello strato di diffusione. Il movimento rotatorio viene impartito all'elettrodo piuttosto che a un gruppo di agitazione separato. Si tratta di un elettrodo idrodinamico utilizzato nei sistemi elettrochimici. Il disco rotante trascina la soluzione e, grazie alla forza centrifuga, la soluzione si allontana dal centro dell'elettrodo. Grazie a questa azione, la soluzione sulla superficie dell'elettrodo viene rifornita dalla soluzione di massa a ogni rotazione. Ciò comporta un aumento del tasso di trasporto di massa dovuto alla convezione forzata e dipende fortemente dalla velocità angolare dell'elettrodo. La figura 1.5 mostra uno schema del flusso in un disco rotante.

Negli elettrodi a disco rotante su scala industriale, l'elettrodo è solitamente costituito da più dischi supportati da un albero. L'elettrodo a disco rotante è progettato per essere montato su un albero di un motore a velocità variabile con velocità angolare sintonizzata su un asse perpendicolare al piano della superficie del disco. Come risultato del movimento, il fluido nello strato adiacente ha una velocità radiale che lo allontana dal centro del disco. Questo fluido viene reintegrato da un flusso perpendicolare alla superficie. In applicazioni specifiche, l'elettrodo a disco rotante può essere utilizzato per aumentare il trasferimento di massa e ridurre lo strato di diffusione.

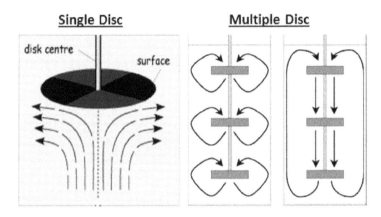

**Fig 1.2 Schema di flusso idealizzato della RDE.**

Gli anodi di titanio sono utilizzati in apparecchiature all'avanguardia come anodi per un'ampia gamma di applicazioni elettrochimiche. L'eccellente stabilità del titanio contro la corrosione superficiale e per vaiolatura lo rende dimensionalmente stabile, consentendo innovazioni radicali nella progettazione delle apparecchiature, nelle condizioni di funzionamento e nei consumi energetici di molti processi di elettrolisi.

L'applicazione di rivestimenti contenenti ossidi metallici misti (MMO) come $RuO_2$, $IrO_2$, $TiO_2$ e $Ta_2O_5$ consente una notevole riduzione del potenziale complessivo di evoluzione anodica del cloro e dell'ossigeno. Inoltre, l'eccellente stabilità dell'anodo di titanio rivestito di MMO non contamina il sistema di elettrolisi, migliorando la purezza dei prodotti e i costi di manutenzione.

I catodi in acciaio inox sono resistenti alla corrosione anche ad alte temperature. La loro notevole resistenza alla corrosione è dovuta a una pellicola di ossido ricca di cromo che si forma sulla loro superficie. Gli acciai testati hanno il potenziale per ridurre il costo del capitale dei catodi, pur fornendo un catodo tecnicamente valido.

# CAPITOLO 2

## REVISIONE DELLA LETTERATURA

Vijayalaksmi *et al.* (2011) hanno confrontato le opzioni dell'elettrossidazione e dell'ossidazione avanzata come tecnica di trattamento terziario per la depurazione delle acque reflue di conceria. La rimozione di TOC dell'85% è stata ottenuta con il processo UV/O3/H2O2, mentre è stata appena del 50% con l'elettrossidazione. I dati cinetici indicano che la degradazione degli organici mediante elettro-ossidazione è un processo di controllo della corrente. Per ridurre al minimo il consumo di energia, è stato tentato un processo a due fasi che prevede l'elettrossidazione nel primo stadio e l'ossidazione avanzata nel secondo. I risultati hanno indicato che la rimozione del TOC mediante l'ossidazione avanzata è diventata lenta, quando le acque reflue sono state trattate inizialmente con l'elettrossidazione. Tuttavia, gli effluenti trattati con EO sono risultati completamente disinfettati.

Costa *et al.*, (2010) hanno studiato il trattamento elettrochimico di acque reflue sintetiche di conceria, preparate con diversi composti utilizzati dalle concerie di finitura, in mezzi privi di cloruri. Come anodi sono stati valutati il diamante drogato con boro (Si/BDD), il biossido di stagno drogato con antimonio (Ti/SnO2-Sb) e il biossido di stagno drogato con iridio e antimonio (Ti/SnO2-Sb-Ir). I risultati hanno mostrato che la diminuzione del COD/TOC è stata più rapida quando è stato utilizzato l'anodo Si/BDD. Buoni risultati sono stati ottenuti con l'anodo Ti/SnO2-Sb, ma la sua completa disattivazione è stata raggiunta dopo 4 ore di elettrolisi a 25 mA cm$^{-2}$ , indicando che la vita utile di questo elettrodo è breve. L'anodo Ti/SnO2- Sb-Ir è chimicamente ed elettrochimicamente più stabile dell'anodo Ti/SnO2-Sb, ma non è adatto al trattamento elettrochimico nelle condizioni studiate.

Sarvanapandian *et al.* (2010) hanno studiato il trattamento elettrochimico di acque reflue saline con carico organico (proteine). L'influenza dei parametri critici dell'elettro-ossidazione, come il pH, il periodo, la concentrazione di sale e la densità di corrente sulla riduzione del carico organico, è stata studiata utilizzando elettrodi di grafite. È emerso che la densità di corrente di 0,024 A/cm$^2$ per un periodo di 2 ore a pH 9,0 ha dato i migliori risultati in termini di riduzione di COD e TKN. Il fabbisogno energetico per la riduzione di 1 kg di TKN e 1 kg di COD è rispettivamente di 22,45 kWh e 0,80 kWh a pH 9 e 0,024 A /cm .[?]

Ahmed Basha *et al.* (2009) hanno studiato la degradazione elettrochimica del bagno di ammollo, dell'effluente di concia e dell'effluente postconcia utilizzando un anodo insolubile su substrato di titanio rivestito di Ti/RuOx-TiOx (TSIA). Il trattamento si è rivelato efficace per il bagno di lavaggio e ha permesso di mineralizzare quasi completamente la parte organica. Un'elevata concentrazione di cloruro di sodio rende il processo efficace migliorando la velocità, il completamento e l'efficienza energetica del processo. Il punto di funzionamento ottimale che dà la massima rimozione di COD (94,8%) è stato trovato utilizzando l'RSM ad una portata di circolazione di 142,8 L h$^{-1}$ , una densità di corrente di 5,8 A dm$^{-2}$ e un tempo di 7,05 h.

Rameshraja *et al.* (2009) hanno esaminato le varie ossidazioni e i processi combinati per il trattamento delle acque reflue di conceria, come UV/H2O2/ipocloriti, Fenton ed elettro-ossidazione, ossidazione fotochimica, foto-catalitica, elettro-catalitica, ossidazione ad aria umida, ozonizzazione, biologico seguito da ozono/UV/ H2O2, coagulazione o elettro-coagulazione e trattamenti catalitici. Per gli effluenti di conceria con solfuri come principali fonti di inquinanti, l'elettrocoagulazione è il miglior processo di rimozione, mentre per il cromo il processo di ossidazione fotocatalitica con nano-TiO2 e l'ossidazione ad aria umida in presenza di solfato di manganese e carbone attivo come catalizzatore sono processi efficienti.

Lidia Szpyrkowicz *et al.* (2005) hanno studiato l'influenza degli anodi a base di metalli nobili e ossidi metallici (Ti/Pt-Ir, TiZPbO₂, Ti/PdO-Co3O4 e Ti/RhOx-TiO₂) sull'ossidazione elettrochimica per il trattamento delle acque reflue di conceria. Lo studio ha dimostrato che il tasso di rimozione degli inquinanti è stato significativamente influenzato dal tipo di materiale anodico e anche dai parametri elettrochimici. Il modello cinetico di pseudo-primo ordine applicato per l'interpretazione dei risultati ha mostrato che gli anodi Ti/Pt-Ir e Ti/PdO-Co3O4 si sono comportati meglio degli altri due elettrodi nella maggior parte delle condizioni testate, con il più alto tasso di rimozione ottenuto per l'ammoniaca (costante di velocità cinetica k ¼ 0:75 $min^{-1}$ ).

Marco Panizza *et al.* (2004) hanno studiato l'ossidazione elettrochimica delle acque reflue di conceria vegetale come trattamento terziario, effettuando un'elettrolisi galvanostatica utilizzando come anodi il biossido di piombo (Ti/PbO2) e l'ossido misto di titanio e rutenio (Ti/TiRuO2) in diverse condizioni sperimentali. I risultati sperimentali hanno mostrato che entrambi gli elettrodi hanno effettuato una completa mineralizzazione delle acque reflue. In particolare, l'ossidazione è avvenuta sull'anodo di PbO2 per trasferimento diretto di elettroni e per ossidazione indiretta mediata dal cloro attivo, mentre è avvenuta sull'anodo di Ti/TiRuO2 solo per ossidazione indiretta. L'anodo Ti/PbO2 ha fornito un tasso di ossidazione leggermente superiore a quello osservato per l'anodo Ti/TiRuO2. Sebbene il Ti/TiRuO2 richieda quasi lo stesso consumo energetico per la rimozione completa del COD, è più stabile e non rilascia ioni tossici, quindi è il miglior candidato per le applicazioni industriali.

N N Rao *et al.* (2001) hanno studiato il trattamento elettrochimico delle acque reflue di conceria utilizzando anodi Ti/Pt, Ti/PbO2 e Ti/MnO2 e un catodo di Ti in un reattore batch a due elettrodi. Le variazioni della concentrazione di colore, della domanda chimica di ossigeno (COD), dell'ammoniaca ($NH_4^+$), dei solfuri e del cromo totale sono state determinate in funzione del tempo di trattamento e della densità di corrente applicata. L'efficienza di Ti/Pt è stata di 0,802 kgCOD h A $m^{-1-1-2}$ e 0,270 $kgNH4^+$ $h^{-1}$ A $m^{-1-2}$ , mentre il consumo energetico è stato di 5,77kWhkg$^{-1}$ di COD e 16,63 kWhkg$^{-1}$ di $NH4^+$ . L'ordine di efficienza degli anodi è risultato essere Ti/Pt ≫ Ti/PbO2 > Ti/MnO2. I risultati indicano che il metodo di elettro-ossidazione può essere utilizzato per un'efficace ossidazione delle acque reflue di conceria e che è possibile ottenere un effluente finale con un carico inquinante sostanzialmente ridotto.

Lidia Szpyrkowicz *et al.* (1995) hanno studiato il trattamento delle acque reflue di conceria con il metodo elettrochimico utilizzando elettrodi Ti/Pt e Ti/Pt/Ir. L'obiettivo di una soddisfacente eliminazione di NH$^+$ 4 da acque reflue di diversa forza è stato raggiunto utilizzando entrambi i tipi di elettrodi. Un anodo Ti/Pt/Ir ha dimostrato di possedere le proprietà elettrocatalitiche per la rimozione di NH$^+$ 4, ma è risultato più sensibile all'avvelenamento da parte dell'H2S contenuto nelle acque reflue. Per entrambi i tipi di elettrodi la rimozione di NH$^+$ 4 ha seguito una cinetica di pseudo primo ordine, con una velocità decrescente in funzione della presenza di sostanze organiche. È stata osservata una concomitante rimozione del COD, in particolare con un anodo

Ti/Pt, ma la sua entità non è stata sufficiente a garantire il rispetto dei limiti di scarico durante il trattamento delle acque reflue grezze solo con il processo elettrochimico. In conclusione, il processo elettrochimico può essere applicato con successo come lucidatura finale o come alternativa alla nitrificazione biologica, ma non può sostituire completamente il trattamento tradizionale delle acque reflue di conceria.

Yunlan Xu *et al.* (2009) hanno sviluppato un reattore fotocatalitico (PC) a doppio disco rotante Cu-TiO2/Ti e lo hanno applicato al trattamento di acque reflue di laboratorio e industriali. Dischi rotondi di TiO2/Ti e Cu della stessa dimensione sono collegati da un filo di Cu e fissati parallelamente su un asse in continua rotazione a 90 giri al minuto. L'elevata efficienza del trattamento è dovuta alla fotoossidazione diretta sul fotoanodo TiO2/Ti e alla degradazione aggiuntiva sul catodo Cu, ipotizzata attraverso l'ossidazione indiretta del perossido di idrogeno (H2O2) e l'elettro-riduzione diretta del colorante sul catodo. È stato studiato il meccanismo del reattore PC a doppio disco rotante Cu-TiO2/Ti. In una soluzione di 20 mg L$^{-1}$ di Rodamina B (RB), sono stati misurati circa 100 mV di potenziale e 10 $\mu A$ di corrente tra l'elettrodo Cu e TiO2/Ti durante il trattamento PC. Questo fenomeno è stato spiegato dal trasferimento spontaneo di elettroni basato sullo stesso principio della creazione di una barriera Schottky. Sulla superficie dell'elettrodo di Cu, i fotoelettroni hanno ridotto direttamente le molecole di colorante o hanno reagito con l'ossigeno disciolto (DO) per formare H2O2.

Ashtoukhy *et al.* (2009) hanno studiato un trattamento elettrochimico basato sul principio dell'ossidazione anodica per trattare gli effluenti della cartiera Rakta's Pulp and Paper Company, dove la paglia di riso viene utilizzata per produrre pasta di carta. Gli esperimenti sono stati condotti in un recipiente cilindrico agitato, rivestito di lastre di piombo come anodo, mentre uno schermo cilindrico concentrico in lamiera d'acciaio inossidabile è stato posto come catodo. È stato studiato l'effetto della densità di corrente, del pH, della concentrazione di NaCl, della velocità di rotazione della girante e della temperatura sulla velocità di rimozione del colore e del COD. I risultati hanno mostrato che l'uso della tecnica elettrochimica riduce il COD da un valore medio di 5500 a 160. La percentuale di rimozione del colore era compresa tra il 53% e il 15%. La percentuale di rimozione del colore varia dal 53% al 100% a seconda delle condizioni operative. Il calcolo del consumo energetico mostra che il consumo di energia varia da 4 a 29kWh/m$^3$ di effluente a seconda delle condizioni operative. I risultati sperimentali hanno dimostrato che l'ossidazione elettrochimica è un potente strumento per il trattamento degli effluenti delle cartiere in cui la paglia di riso è utilizzata come materia prima.

Ilje Pikaar et al. (2011) hanno confrontato le prestazioni di cinque diversi materiali elettrodici in titanio rivestiti di ossidi metallici misti (MMO) per la rimozione elettrochimica dei solfuri dalle acque reflue domestiche. Questo studio dimostra che tutti gli elettrodi di titanio rivestiti di MMO studiati sono materiali anodici adatti per la rimozione dei solfuri dalle acque reflue. Gli elettrodi di titanio rivestiti di Ta/Ir e Pt/Ir sembrano i più adatti, poiché possiedono il più basso sovrapotenziale per l'evoluzione dell'ossigeno, sono stabili a basse concentrazioni di cloruro e sono già utilizzati in applicazioni su scala reale.

Arseto et al. (2011) hanno studiato l'ossidazione elettrochimica del concentrato di osmosi inversa su elettrodi rivestiti di titanio con ossidi metallici misti (MMO). Utilizzando sistemi elettrochimici a due comparti in scala di laboratorio, cinque materiali elettrodici (cioè titanio rivestito con IrO2- Ta2O5, RuO2- IrO2, Pt-IrO2, PbO2 e SnO2-Sb) sono stati testati come anodi in esperimenti in modalità batch, utilizzando ROC da un impianto di trattamento delle acque avanzato. Le migliori prestazioni di ossidazione sono state osservate per gli anodi Ti/Pt- IrO2, seguiti dagli anodi Ti/SnO2-Sb e Ti/PbO2.

Elisabetta Turro et al. (2011) hanno studiato l'ossidazione elettrochimica del percolato di discarica stabilizzato con 2960 mg L$^{-1}$ domanda chimica di ossigeno (COD) su un anodo Ti/IrO2-RuO2 in presenza di HClO4 come elettrolita di supporto. È stato posto l'accento sull'effetto di diversi parametri come fonte di ossidanti extra elettro generati sulle prestazioni. I principali parametri che influenzano il processo sono il pH dell'effluente e l'aggiunta di sali. Il processo ha permesso di ottenere il 90% di COD, il 65% di TC e la completa rimozione di colore e TPh con un consumo di elettricità di 35 kWh kg$^{-1}$ COD rimosso.

## 2.1 AMBITO E OBIETTIVO DEL PROGETTO

Lo scopo della presente ricerca è quello di studiare la completa degradazione degli inquinanti organici presenti negli effluenti della conceria con il metodo dell'elettro-ossidazione utilizzando un nuovo reattore elettrochimico a disco rotante. Per raggiungere questo scopo sono stati fissati i seguenti obiettivi:

1.  Progettazione e realizzazione di un reattore elettrochimico a disco rotante

2.  Confrontare le prestazioni dell'elettro-ossidazione dell'effluente della conceria in tre configurazioni di reattori elettrochimici convenzionali, quali batch, batch a ricircolo e once-through, al fine di selezionare una configurazione migliore del reattore.

3.  Stabilire il meccanismo di degradazione degli inquinanti organici mediante modellazione cinetica.

4.  Valutare il potenziale dell'ossidazione elettrochimica per sostituire l'attuale trattamento terziario delle acque reflue di conceria effettuato con l'adsorbimento su carbone attivo.

# CAPITOLO 3

## MATERIALI E METODI

L'elettrodo a disco rotante (RDE) illustrato nella figura 3.1 è un sistema di elettrodi idrodinamici. L'elettrodo ruota durante gli esperimenti inducendo un flusso di analita verso l'elettrodo. Gli elettrodi a disco rotante sono utilizzati negli studi elettrochimici per indagare i meccanismi di reazione legati alla chimica redox, tra gli altri fenomeni chimici. L'elettrodo ad anello rotante più complesso può essere utilizzato come elettrodo a disco rotante se l'anello viene lasciato inattivo durante l'esperimento. Nel presente sistema è stato utilizzato un catodo rotante in acciaio inossidabile e un anodo stazionario in titanio rivestito di ossido di rutenio ($RuO_2$). L'elettrodo a disco rotante ha un volume di 2,75 litri, un diametro esterno di 10 cm e un'altezza verticale di 50 cm, come illustrato nella figura 3.2.

**Fig 3.1 Elettrodo a disco rotante**

Gli elettrodi attivi subiscono cambiamenti significativi durante il processo e mediano l'ossidazione delle specie organiche attraverso la formazione di ossidi del metallo a stato di ossidazione più elevato ($MO_{x+1}$) ogni volta che tale stato di ossidazione più elevato è disponibile per l'ossido metallico (ad esempio, Pt, $RuO_2$ o $IrO_2$), portando a un'ossidazione selettiva. Gli elettrodi inattivi agiscono semplicemente come serbatoi di elettroni e i loro componenti non partecipano al processo. Gli elettrodi inattivi non hanno uno stato di ossidazione superiore disponibile e la specie organica viene ossidata direttamente da un radicale ossidrile adsorbito, generalmente con conseguente combustione completa della molecola organica. Tipici elettrodi inattivi sono gli elettrodi a film sottile di diamante e gli ossidi metallici completamente ossidati come $PbO_2$ e $SnO_2$. La superficie attiva dell'anodo è di 365 cm$^2$, dove avviene l'ossidazione.

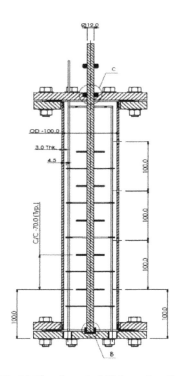

**Fig 3.2 Vista frontale dell'elettrodo a disco rotante che mostra le dimensioni**

### 3.1 CARATTERISTICHE DELL'EFFLUENTE

L'effluente è stato raccolto dal Pallavaram CETP vicino a Chennai. L'effluente raccolto è un trattamento secondario postbiologico. Le caratteristiche dell'effluente sono riportate nella tabella 3.1.

Il trattamento terziario dell'effluente viene effettuato in modo convenzionale utilizzando la tecnica dell'adsorbimento e il carbone attivo come adsorbente. Di conseguenza, l'effluente viene ridotto a un COD inferiore a 250 mg L$^{-1}$ che soddisfa gli standard ambientali per lo scarico. Tuttavia, questa tecnica è costosa e presenta problemi di rigenerazione. Lo smaltimento del carbone attivo saturo può a volte rappresentare un problema ambientale e di solito non è preferito. Nel presente metodo è stata impiegata l'ossidazione elettrochimica come tecnica di trattamento terziario.

19

**Tabella 3.1 Caratteristiche dell'effluente secondario raccolto a Pallavaram CETP**

| PARAMETRO | VALORE |
|---|---|
| pH | 7.55 |
| Conducibilità | 10210 µMhos cm$^{-1}$ |
| Cromo | Nullo |
| Cloruro | 1450 mg L$^{-1}$ |
| Solidi totali disciolti (TDS) | 5230 mg L$^{-1}$ |
| Solidi totali sospesi (TSS) | 126 mg L$^{-1}$ |
| Carbonio organico totale (TOC) | 361 mg L$^{-1}$ |

## 3.2 MODALITÀ LOTTO

Analogamente ai reattori convenzionali, la velocità di reazione (per la rimozione del TOC) in batch Elettrodo a disco rotante può essere espressa come

$$-\left(\frac{V_e}{A_e}\right)\frac{dC}{dt} = \frac{i}{zF} = k_L C \qquad (10)$$

Integrando l'equazione precedente si ottiene

$$C = C_o \exp(-k_L a_s\, t) \qquad (11)$$

Oppure

$$-\ln\left[\frac{C}{C_o}\right] = k_L a_s\, t \qquad (12)$$

dove $v_e$= volume dell'effluente (cc), $A_e$= area anodica effettiva (cm$^2$), i= densità di corrente (A/dm$^2$), z= numero di elettroni coinvolti nella reazione elettrochimica, F= costante di Faraday, C= TOC (mg/l) al tempo t, $c_o$= TOC iniziale (mg/l) e, $a_s$= superficie anodica specifica (1/cm)= $A_e/v_e$. Un grafico di t vs. -ln($c/c_o$) fornirà la costante di velocità $k_L$

Nella conversione elettrochimica, i composti aromatici ad alto peso molecolare e le catene alifatiche vengono scomposti in prodotti intermedi per un'ulteriore lavorazione. Nella combustione elettrochimica, gli organici sono completamente ossidati a $CO_2$ e $H_2O$. Il progresso della distruzione dell'inquinante organico può essere monitorato attraverso la stima del TOC. I potenziali richiesti per l'ossidazione degli inquinanti organici sono generalmente elevati e la produzione di ossigeno dall'elettrolisi delle molecole d'acqua può determinare la resa della reazione. L'efficienza di corrente dell'elettrolisi può essere calcolata con la seguente espressione.

$$\text{Current Efficiency (CE)} = \frac{Q\Delta C}{\left(\frac{16I}{2F}\right)} \times 100 \qquad (13)$$

dove $\Delta C$ è la differenza di TOC in mg/l, dovuta al trattamento con passaggio di corrente I per t secondi. $v_e$ è il

20

volume dell'effluente (cc). Q rappresenta la portata volumetrica in l/s. Mentre l'efficienza della corrente indica la frazione della corrente totale passata per la reazione desiderata, il termine, consumo energetico, E è la quantità di energia consumata nel processo per un kg di TOC da digerire.

### 3.3 MODALITÀ DI RICIRCOLO BATCH

Il set-up sperimentale della modalità di funzionamento batch/ batch recirculation/ once through è schematicamente rappresentato nella Fig. 3.3 Regolando le valvole, lo stesso set-up può funzionare in modalità batch, batch recirculation o once-through (cioè, per la modalità batch, i flussi 2 e 3 sono assenti, per la modalità batch recirculation il flusso 3 è assente e per la modalità once through il flusso 2 è assente).

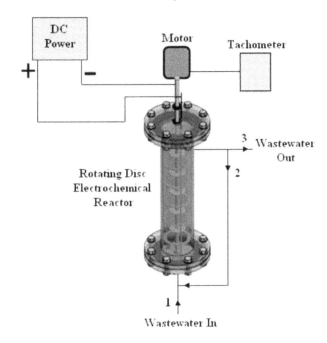

**Fig 3.3 Setup sperimentale costituito dalla RDE**

La portata di ricircolo (Q) richiesta è stata stabilita pompando e regolando le valvole. L'alimentazione in corrente continua è stata collegata agli elettrodi mantenendo una corrente costante al livello richiesto e sono stati raccolti campioni dal flusso in uscita per ogni condizione sperimentale per la stima del TOC. L'efficienza del reattore elettrochimico è stata studiata in varie condizioni di densità di corrente, velocità di rotazione del catodo, pH iniziale e portata del ricircolo.

### 3.4 UNA VOLTA ATTRAVERSO LA MODALITÀ

La portata richiesta attraverso il reattore è stata stabilita pompando e regolando le valvole (cioè, flusso 1 e 2 in condizione di chiusura). La modalità di funzionamento a riciclo è stata cambiata in quella a passaggio unico chiudendo la valvola di ricircolo. Il flusso di reintegro è stato aperto maggiormente per mantenere il volume del serbatoio a uno stato costante. L'alimentazione in corrente continua è stata collegata agli elettrodi mantenendo una corrente costante al livello richiesto e i campioni sono stati prelevati per la stima del TOC. Per ogni caso sperimentale è stato previsto un tempo di permanenza esatto nel reattore prima di campionare il flusso in uscita per la stima del TOC. L'efficienza del reattore elettrochimico è stata studiata in varie condizioni di densità di corrente, velocità di rotazione del catodo, pH iniziale e portata.

# CAPITOLO 4

## RISULTATI E DISCUSSIONE

Sono stati eseguiti esperimenti per ottimizzare i parametri come la densità di corrente, la velocità di rotazione del catodo, il pH iniziale e la portata delle acque reflue. Per valutare l'efficienza del trattamento, è stato misurato il carbonio organico totale (TOC) dei campioni trattati raccolti a un intervallo di 30 minuti. Il TOC delle acque reflue della conceria è stato misurato con un analizzatore TOC Shimadzu. Le prestazioni del processo sono definite in due forme, una rispetto alla percentuale di rimozione del TOC e l'altra rispetto al consumo energetico specifico in termini di kWh/g di TOC rimosso.

### 4.1 EFFETTO DELLA DENSITÀ DI CORRENTE

La densità di corrente è una misura della densità di flusso di una carica conservata. Gli esperimenti sono stati variati con diverse densità di corrente: 5, 10, 15 e 20 mA/cm$^2$. La velocità di rotazione del catodo è stata fissata a un valore costante di 250 rpm e a un pH iniziale di 7,5. La percentuale di rimozione del TOC è aumentata con il passare del tempo. La percentuale di rimozione del TOC è aumentata con l'aumentare della densità di corrente. In modalità batch, la percentuale di rimozione del TOC ha raggiunto un valore dell'87,1% in 2 ore di trattamento, mentre in modalità batch a ricircolo ha raggiunto un valore del 95% nella stessa durata. In entrambi i metodi, una densità di corrente di 15mA/cm$^2$ è risultata essere il valore ottimale, poiché un aumento superiore a tale valore ha portato solo un incremento marginale nella rimozione del TOC. Questo aumento marginale nella rimozione del TOC potrebbe essere attribuito al fatto che il processo ha raggiunto la sua saturazione in termini di carica applicata. Inoltre, a 20mA/cm$^2$ la temperatura delle acque reflue trattate è risultata di alcuni gradi superiore, a indicare che la carica aggiuntiva si è trasformata in energia termica. Nella modalità Once through l'esperimento è stato condotto per la durata di un tempo di residenza idraulica e la percentuale di rimozione del TOC ottenuta è stata del 42% a 15mA/cm$^2$ con una portata di acqua reflua di 2 l/h. L'effetto della densità di corrente sulla percentuale di rimozione del TOC è mostrato nelle figure 4.1.1 e 4.1.2.

Tabella 4.1.1 Effetto della densità di corrente sulla % di rimozione del TOC in modalità batch. pH: 7,5;
Velocità di rotazione del catodo: 250 rpm

| Tempo (min) | i (mA/cm )² | | | | i (mA/cm )² | | | |
|---|---|---|---|---|---|---|---|---|
| | 5 | 10 | 15 | 20 | 5 | 10 | 15 | 20 |
| | TOC (mg/l) | | | | Rimozione TOC (%) | | | |
| 0 | 361.42 | 361.42 | 361.42 | 361.42 | 0 | 0 | 0 | 0 |
| 30 | 281.51 | 223.21 | 161.91 | 118.13 | 22.10 | 38.24 | 55.20 | 67.31 |
| 60 | 207.89 | 132.30 | 58.03 | 53.33 | 42.47 | 63.39 | 83.94 | 85.24 |
| 90 | 161.91 | 104.54 | 34.44 | 34.44 | 55.20 | 71.07 | 90.46 | 90.46 |
| 120 | 118.13 | 68.26 | 25.72 | 29.31 | 67.31 | 81.11 | 92.88 | 91.88 |
| 150 | 104.54 | 58.03 | 23.79 | 23.71 | 71.07 | 83.94 | 93.41 | 93.50 |

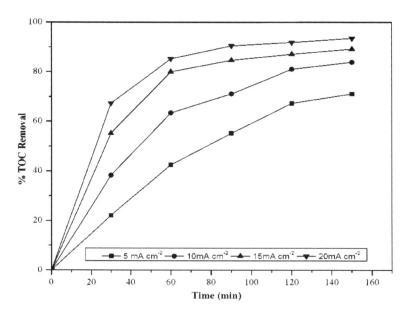

Fig 4.1.1 Effetto della densità di corrente sulla rimozione di TOC in % rispetto al tempo di elettrolisi.
Velocità di rotazione del catodo: 250 rpm; pH: 7,5;

Tabella 4.1.2 Effetto della densità di corrente sulla % di rimozione del TOC in ricircolo batch. Portata: 60 lph; pH: 7,5; velocità di rotazione del catodo: 250 rpm

| Tempo (min) | i (mA/cm)² | | | | i (mA/cm)² | | | |
|---|---|---|---|---|---|---|---|---|
| | 5 | 10 | 15 | 20 | 5 | 10 | 15 | 20 |
| | TOC (mg/l) | | | | Rimozione TOC (%) | | | |
| 0 | 361 | 361 | 361 | 361 | 0 | 0 | 0 | 0 |
| 23.4 | 254.5 | 227.4 | 218.4 | 209.3 | 29.5 | 37.6 | 39.5 | 42 |
| 46.8 | 176.8 | 148.1 | 135.3 | 124.5 | 51.8 | 59.4 | 62.5 | 65.5 |
| 70.2 | 111.9 | 75.8 | 57.7 | 48.7 | 69.3 | 79.1 | 84.2 | 86.5 |
| 93.6 | 72.2 | 39.7 | 19.8 | 18.0 | 80.1 | 89.2 | 94.5 | 95.2 |
| 117 | 70.3 | 32.4 | 18.0 | 16.2 | 80.5 | 91 | 95.1 | 95.5 |

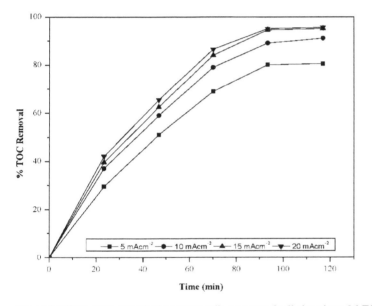

Fig 4.1.2 Effetto della densità di corrente sulla percentuale di rimozione del TOC nel ricircolo batch. Portata: 60 lph; pH: 7,5; velocità di rotazione del catodo: 250 rpm;

## 4.2 EFFETTO DELLA VELOCITÀ DI ROTAZIONE DEL CATODO

Per studiare l'effetto della velocità di rotazione del catodo sulla rimozione del TOC, sono stati condotti una serie di esperimenti a diverse velocità di rotazione di 250, 500, 750 e 1000 rpm con una densità di corrente di 15mA/cm² e un pH iniziale di 7,5. Le figure 4.2.1 e 4.2.2 mostrano l'effetto della velocità di rotazione del catodo sulla rimozione di TOC rispettivamente in modalità batch e in modalità ricircolo batch. Si può notare che la percentuale di rimozione del TOC aumenta con l'incremento della velocità di rotazione del catodo. Questo conferma il fatto che la reazione di rimozione è controllata dalla diffusione, l'aumento della velocità di

25

rotazione porta a un aumento dell'intensità della turbolenza e riduce lo spessore dello strato di diffusione sulla superficie dell'elettrodo e migliora le condizioni di miscelazione nel bulk dell'elettrolita. Ciò aumenta la velocità di trasferimento di reagenti e prodotti da e verso la superficie dell'anodo.

In modalità batch, quando la velocità viene aumentata da 250 a 500 giri/minuto, la percentuale di rimozione del TOC passa dall'87,1% al 93,5% dopo 2 ore di trattamento. Un ulteriore aumento della velocità di rotazione ha portato a una leggera diminuzione della rimozione di TOC. L'effetto di miglioramento della velocità di rotazione sul tasso di rimozione diventa meno pronunciato ad alte velocità di rotazione (ad esempio >500 rpm), probabilmente perché la riduzione catodica controllata dalla diffusione dell'ipoclorito e la sua reazione di ossidazione anodica sono favorite ad alte velocità di rotazione. Inoltre, a velocità elevate si formano bolle di gas che proteggono l'anodo dal contatto con l'elettrolita, limitando così l'ossidazione. Analogamente, nel ricircolo in batch la rimozione di TOC è aumentata dal 75% all'80,5% dopo 2 ore e un ulteriore aumento della velocità di rotazione non ha portato cambiamenti significativi. In modalità Once through, la rimozione del TOC è aumentata dal 51,6% al 56,5% dopo un tempo di permanenza idraulica a una portata di 2 l/h. In tutti i casi sopra descritti, la velocità di rotazione del catodo di 500 rpm è risultata essere il valore ottimale.

Tabella 4.2.1 Effetto della velocità di rotazione del catodo sulla % di rimozione del TOC in modalità batch. Densità di corrente: 15 mAcm$^{-2}$ ; pH: 7,5;

| Tempo (min) | NUMERO DI GIRI | | | | NUMERO DI GIRI | | | |
|---|---|---|---|---|---|---|---|---|
| | 250 | 500 | 750 | 1000 | 250 | 500 | 750 | 1000 |
| | TOC (mg/l) | | | | Rimozione TOC (%) | | | |
| 0 | 361.42 | 361.42 | 361.42 | 361.42 | 0 | 0 | 0 | 0 |
| 30 | 161.91 | 146.93 | 146.93 | 139.56 | 55.20 | 59.34 | 59.34 | 61.38 |
| 60 | 58.03 | 68.26 | 68.26 | 37.56 | 83.94 | 85.24 | 81.11 | 85.24 |
| 90 | 34.44 | 48.91 | 41.01 | 23.47 | 90.46 | 91.23 | 88.65 | 89.60 |
| 120 | 25.72 | 34.44 | 29.31 | 31.69 | 92.88 | 93.50 | 91.88 | 90.46 |

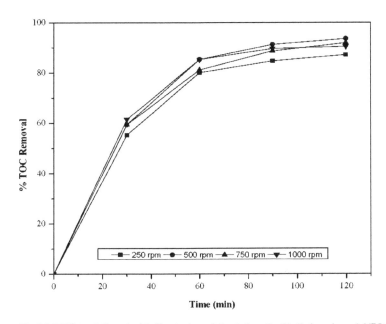

**Fig 4.2.1 Effetto della velocità di rotazione del catodo sulla % di rimozione del TOC in modalità batch. Densità di corrente 15mAcm$^{-2}$ ; pH: 7,5;**

**Tabella 4.2.2 Effetto della velocità di rotazione del catodo sulla % di rimozione del TOC, Portata: 60 lph; densità di corrente: 5 mAcm$^{-2}$ ; pH 7,5;**

| Tempo (min) | Velocità di rotazione del catodo (giri/min) | | | | Velocità di rotazione del catodo (giri/min) | | | |
|---|---|---|---|---|---|---|---|---|
| | 250 | 500 | 750 | 1000 | 250 | 500 | 750 | 1000 |
| | TOC (mg/l) | | | | Rimozione TOC (%) | | | |
| 0 | 361 | 361 | 361 | 361 | 0 | 0 | 0 | 0 |
| 23.4 | 263.5 | 254.5 | 245.4 | 241.8 | 27.3 | 29.5 | 32 | 33.5 |
| 46.8 | 187.7 | 176.8 | 167.8 | 155.2 | 48.5 | 51.8 | 53.5 | 57 |
| 70.2 | 122.7 | 111.9 | 108.3 | 104.6 | 66.8 | 69 | 70.2 | 71 |
| 93.6 | 88.4 | 72.2 | 68.59 | 66.7 | 75.5 | 80.1 | 81.1 | 81.5 |
| 117 | 81.2 | 70.3 | 64.9 | 63.5 | 77.5 | 80.5 | 82 | 82.5 |

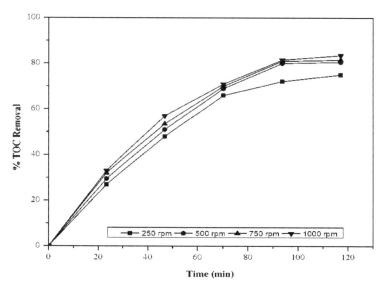

**Fig 4.2.2 Effetto della velocità di rotazione del catodo sulla % di rimozione del TOC in ricircolo batch. Portata: 60 lph; densità di corrente: 5 mAcm$^{-2}$ ; pH 7,5;**

## 4.3 EFFETTO DEL pH

Per studiare l'effetto del pH sulla percentuale di rimozione del TOC, sono stati condotti una serie di esperimenti a diversi pH per una densità di corrente data di 15mA/cm$^2$ e una velocità di rotazione del catodo di 500rpm. Le figure 4.3.1 e 4.3.2 mostrano l'effetto del pH iniziale sulla percentuale di rimozione del TOC rispettivamente in modalità batch e batch a ricircolo.

La percentuale di rimozione del TOC è risultata in costante diminuzione con l'aumento del pH iniziale delle acque reflue. In modalità batch, a un pH di 4, la rimozione del TOC è risultata pari al 92,8% e a pH 10 il valore è sceso al 78% dopo 2 ore di trattamento. Ciò potrebbe essere attribuito al fatto che a pH più bassi si evolve il Cl2 e in condizioni alcaline si evolve l'O2 a causa di una reazione collaterale, che è un ossidante più debole rispetto al Cl2. Questo può essere utilizzato come pH ottimale, poiché l'effluente è normalmente disponibile a questa condizione e non necessita di alterazioni del pH. Nel ricircolo in batch a un pH di, è stata osservata una rimozione di TOC del 95,5%, mentre a pH 10 è scesa all'82%. La stessa tendenza è stata osservata anche nella modalità Once through, dove la rimozione del TOC è scesa dal 58,4% al 42,1%.

28

Tabella 4.3.1 Effetto del pH sulla % di rimozione del TOC in modalità batch. Densità di corrente: 15 mAcm⁻² ; Velocità di rotazione del catodo: 500 rpm;

| Tempo (min) | pH | | | | pH | | | |
|---|---|---|---|---|---|---|---|---|
| | 4 | 6 | 7.5 | 10 | 4 | 6 | 7.5 | 10 |
| | TOC (mg/l) | | | | Rimozione TOC (%) | | | |
| 0 | 361.42 | 361.42 | 361.42 | 361.42 | 0 | 0 | 0 | 0 |
| 30 | 104.54 | 118.13 | 146.93 | 238.33 | 71.074 | 67.31 | 59.34 | 34.05 |
| 60 | 58.03 | 58.03 | 68.26 | 223.21 | 83.94 | 83.94 | 81.11 | 38.24 |
| 90 | 34.44 | 41.01 | 48.91 | 118.13 | 90.46 | 88.65 | 86.46 | 67.31 |
| 120 | 25.72 | 29.31 | 34.44 | 79.49 | 92.88 | 91.88 | 90.46 | 78.01 |

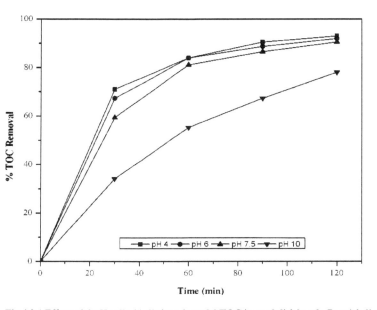

Fig 4.3.1 Effetto del pH sulla % di rimozione del TOC in modalità batch. Densità di corrente: 15 mAcm⁻² ; Velocità di rotazione del catodo: 500 rpm;

**Tabella 4.3.2** Effetto del pH sulla % di rimozione del TOC in modalità di ricircolo batch. Portata: 60 lph; densità di corrente: 15 mAcm$^{-2}$ ; velocità di rotazione del catodo: 500 rpm;

| Tempo | pH | | | pH | | |
|---|---|---|---|---|---|---|
| (min) | 4 | 6 | 7.5 | 4 | 6 | 7.5 |
| | TOC (mg/l) | | | Rimozione TOC (%) | | |
| 0 | 361 | 361 | 361 | 0 | 0 | 0 |
| 23.4 | 209.3 | 218.4 | 261.7 | 42.4 | 39.6 | 27.5 |
| 46.8 | 124.5 | 135.3 | 176.8 | 65.3 | 62.5 | 51 |
| 70.2 | 48.7 | 57.7 | 117.3 | 86.4 | 8.24 | 67.5 |
| 93.6 | 18.0 | 19.8 | 68.5 | 95.1 | 94.5 | 81.1 |
| 117 | 16.2 | 18.0 | 64.9 | 95.5 | 95 | 82.2 |

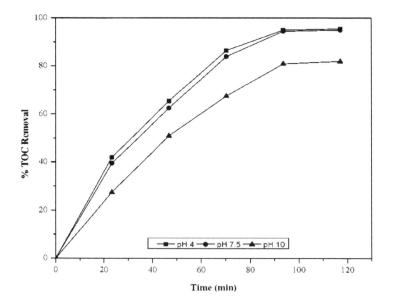

**Fig 4.3.2** Effetto del pH sulla percentuale di rimozione del TOC in modalità di ricircolo batch. Portata: 60 lph, densità di corrente: 15 mAcm$^{-2}$ ; velocità di rotazione del catodo: 500 rpm;

## 4.4 EFFETTO DELLA PORTATA

Anche la portata delle acque reflue durante il trattamento in modalità batch a ricircolo e una volta attraverso è risultata influire sulla rimozione del TOC. Le portate utilizzate per il ricircolo in batch sono state 15, 30, 60 e 90 l/h, mentre le altre condizioni sono rimaste costanti. È emerso che l'aumento della portata del ricircolo aumenta la rimozione di TOC. A 15 l/h è stata osservata una rimozione di TOC del 71% e a 60 l/h è aumentata al 77%. A 90 l/h la rimozione del TOC è rimasta invariata e quindi una portata di 60 l/h può essere fissata

30

come valore ottimale. In modalità "once through", il trattamento è stato effettuato alle portate di 2, 3, 4 e 5 l/h. Sono stati utilizzati valori più bassi di portata perché aumentano il tempo di permanenza all'interno del reattore e quindi la rimozione del TOC. Alla portata di 2 l/h è stata osservata una rimozione di TOC del 22,5%, mentre a 5 l/h è scesa al 3,2%. La figura 4.4 mostra l'effetto della portata sulla rimozione del TOC in modalità di ricircolo batch.

**Tabella 4.4 Effetto della portata sulla % di rimozione del TOC in modalità di ricircolo batch. Densità di corrente: 5 mAcm$^{-2}$ ; pH: 7,5; velocità di rotazione del catodo: 250 rpm;**

| Tempo (min) | Portata (lph) | | | | Portata (lph) | | | |
|---|---|---|---|---|---|---|---|---|
| | 5 | 10 | 15 | 20 | 5 | 10 | 15 | 20 |
| | TOC (mg/l) | | | | Rimozione TOC (%) | | | |
| 0 | 361 | 361 | 361 | 361 | 0 | 0 | 0 | 0 |
| 23.4 | 285.1 | 277.9 | 263.5 | 259.9 | 21.1 | 23.5 | 27 | 28.4 |
| 46.8 | 220.2 | 202.1 | 187.7 | 180.5 | 39.2 | 44 | 48.3 | 50.5 |
| 70.2 | 158.8 | 138.9 | 122.7 | 115.5 | 56.1 | 61.5 | 66 | 68.8 |
| 93.6 | 115.5 | 97.47 | 88.4 | 86.6 | 68 | 73.4 | 75.5 | 76.1 |
| 117 | 104.6 | 95.66 | 83.0 | 83.0 | 71 | 73.5 | 77.1 | 77.1 |

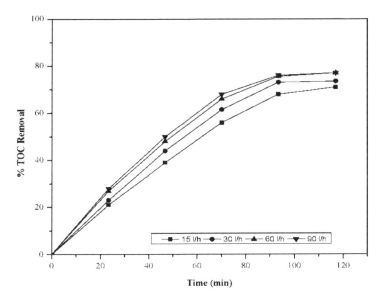

**Fig 4.4 Effetto della portata sulla % di rimozione del TOC in modalità di ricircolo batch. Densità di corrente: 5 mAcm$^{-2}$ ; pH: 7,5; velocità di rotazione del catodo: 250 rpm;**

## 4.5  CONSUMO ENERGETICO SPECIFICO

Le prestazioni dell'elettroossidazione sono definite anche in base al consumo di energia in termini di KWh/Kg

31

di TOC rimosso. Il consumo di energia ha un ruolo importante in quanto limita l'applicabilità commerciale del processo. È definito come

$$Specific\ Energy\ Consumption\ (KWh/Kg\ of\ TOC) = \frac{VIt}{\Delta C * V_e}$$

Dove "V" è la tensione applicata in volt; "I" è la corrente fornita in milli Ampere; "t" è il tempo di elettrolisi in ore. $\Delta C$ è la diminuzione del TOC espressa in mg/lit. $v_e$" è il volume dell'effluente trattato in litri. I valori del consumo energetico specifico sono riportati nelle tabelle 4.5.1, 4.5.2 e 4.5.3 rispettivamente per le modalità batch, batch a ricircolo e one through.

**Tabella 4.5.1 Valori di consumo energetico specifico in modalità Batch**

| Densità di corrente mA/cm² | Tensione ( i) della (V) Volt | Velocità cella rotazione catodo RPM | di PH del iniziale (R) | % Rimozione TOC | Consumo specifico di energia KWh/Kg TOC | Costante (E) velocità min⁻¹ | di (KL) |
|---|---|---|---|---|---|---|---|
| 5 | 4.7 | 250 | 7.5 | 67.3 | 30.1 | 0.008 | |
| 10 | 5.6 | 250 | 7.5 | 81.1 | 60.5 | 0.012 | |
| 15 | 8.6 | 250 | 7.5 | 87.1 | 125.2 | 0.018 | |
| 20 | 10 | 250 | 7.5 | 91.8 | 193.9 | 0.017 | |
| 15 | 8.6 | 500 | 7.5 | 93.5 | 100.1 | 0.023 | |
| 15 | 9.0 | 750 | 7.5 | 91.8 | 106.1 | 0.021 | |
| 15 | 11 | 1000 | 7.5 | 90.5 | 121.5 | 0.020 | |
| 15 | 8 | 500 | 4 | 92.9 | 98.4 | 0.021 | |
| 15 | 8.6 | 500 | 6 | 91.9 | 106.6 | 0.020 | |
| 15 | 11 | 500 | 10 | 78.1 | 153.4 | 0.012 | |

Tabella 4.5.2 Valori di consumo energetico specifico in modalità ricircolo batch

| Densità di corrente (i) mA/cm² | Tensione (della cella) (V) Volt | Acque reflue Portata (Q) l/h | Velocità di rotazione del catodo (R) RPM | pH iniziale | % Rimozione TOC | Consumo specifico energia KWh/Kg TOC | Costante di velocità (E)($K_L$) min⁻¹ |
|---|---|---|---|---|---|---|---|
| 5 | 4.5 | 15 | 250 | 7.5 | 71 | 41.0 | 0.011 |
| 5 | 4.7 | 30 | 250 | 7.5 | 73.5 | 32.1 | 0.012 |
| 5 | 4.8 | 60 | 250 | 7.5 | 75.5 | 29.1 | 0.013 |
| 5 | 5.0 | 90 | 250 | 7.5 | 77 | 26.3 | 0.013 |
| 5 | 4.6 | 60 | 500 | 7.5 | 80.5 | 25.4 | 0.015 |
| 5 | 4.8 | 60 | 750 | 7.5 | 81.5 | 28.9 | 0.015 |
| 5 | 4.9 | 60 | 1000 | 7.5 | 83.5 | 34.1 | 0.016 |
| 10 | 8.2 | 60 | 500 | 7.5 | 91 | 55.3 | 0.021 |
| 15 | 10.1 | 60 | 500 | 7.5 | 95 | 62.1 | 0.028 |
| 20 | 11.2 | 60 | 500 | 7.5 | 95.5 | 85.1 | 0.029 |
| 15 | 10 | 60 | 500 | 4 | 95.5 | 62.3 | 0.029 |
| 15 | 9.8 | 60 | 500 | 10 | 82 | 66.1 | 0.015 |

Tabella 4.5.3 Valori del consumo specifico di energia in modalità Once through

| Densità di corrente (i) mA/cm² | Voltaggio della cella (V) Volt | Portata di acqua scarico (Q) l/h | Tempo di permanenza idraulica (t) min | Velocità di rotazione del catodo (R) RPM | PH iniziale | % TOC rimosso | Consumo specifico energia KWh/Kg TOC | Tasso di costante (E)($K_L$) min⁻¹ |
|---|---|---|---|---|---|---|---|---|
| 5 | 4.2 | 2 | 82 | 250 | 7.5 | 22.5 | 46.5 | 0.003 |
| 5 | 4.1 | 3 | 55 | 250 | 7.5 | 16.2 | 42.1 | 0.003 |
| 5 | 4.1 | 4 | 41 | 250 | 7.5 | 6.5 | 78.6 | 0.001 |
| 5 | 4.6 | 5 | 33 | 250 | 7.5 | 3.2 | 143.4 | 0.001 |
| 10 | 6.3 | 2 | 82 | 250 | 7.5 | 27.4 | 114.6 | 0.004 |
| 15 | 9.1 | 2 | 82 | 250 | 7.5 | 42 | 162.1 | 0.006 |
| 20 | 10.9 | 2 | 82 | 250 | 7.5 | 51.6 | 210.6 | 0.008 |
| 20 | 11.2 | 2 | 82 | 500 | 7.5 | 56.5 | 197.6 | 0.010 |
| 20 | 12 | 2 | 82 | 750 | 7.5 | 58.2 | 205.6 | 0.011 |
| 20 | 12.5 | 2 | 82 | 1000 | 7.5 | 59.1 | 210.9 | 0.011 |
| 20 | 11.3 | 2 | 82 | 500 | 4 | 58.4 | 192.9 | 0.010 |
| 20 | 11.2 | 2 | 82 | 500 | 6 | 57.1 | 195.6 | 0.010 |
| 20 | 10.1 | 2 | 82 | 500 | 10 | 42.1 | 239.2 | 0.006 |

## 4.6 Studio cinetico

Analogamente ai reattori convenzionali, il tasso di reazione del primo ordine (per la rimozione del TOC) nel reattore elettrochimico a disco rotante può essere espresso come,

33

$$\frac{dC}{dt} = \frac{i}{zF} = K_L C \qquad (14)$$

Integrando l'equazione precedente si ottiene

$$C = C_O \exp(-K_L t) \qquad (15)$$

Oppure

$$\ln\left(\frac{C_O}{C}\right) = K_L t \qquad (16)$$

Dove "i" è la densità di corrente espressa in mA/cm$^2$ ; "z" è il numero di elettroni coinvolti nella reazione elettrochimica; "F" è la costante di Faraday. Un grafico di t rispetto a $\ln(c_{0/c})$ fornisce la pendenza che è la costante di velocità ($K_L$). Le figure 4.6.1, 4.6.2 e 4.6.3 mostrano il meccanismo di degradazione degli inquinanti adattato utilizzando il modello cinetico del primo ordine per la modalità batch e le figure 4.6.4, 4.6.5, 4.6.6 e 4.6.7 rappresentano la sicurezza per la modalità batch a ricircolo. I valori delle costanti di velocità ottenuti alle diverse condizioni operative sono riportati nelle tabelle 4.5.1, 4.5.2 e 4.5.3. Non è stato utilizzato un modello del secondo ordine poiché i valori ottenuti per la bontà dell'adattamento ($R^2$ ) in questo caso erano scarsi e quindi non sono stati discussi.

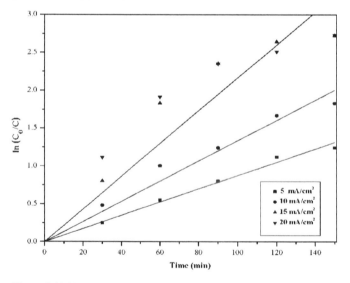

**Figura 4.6.1 Meccanismo di degradazione adattato utilizzando il modello cinetico del primo ordine per la modalità batch. Velocità di rotazione del catodo: 250 rpm; pH: 7,5;**

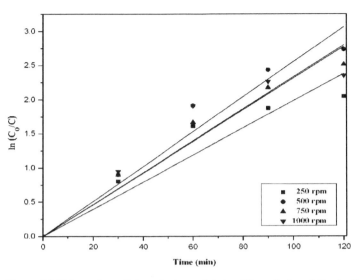

Figura 4.6.2 Meccanismo di degradazione adattato utilizzando il modello cinetico del primo ordine per la modalità batch. Densità di corrente: $15mAcm^{-2}$ ; pH: 7,5;

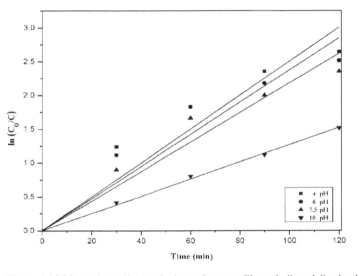

Figura 4.6.3 Meccanismo di degradazione adattato utilizzando il modello cinetico del primo ordine per la modalità batch. Densità di corrente: $15mA/cm^2$ ; velocità di rotazione del catodo: 500 rpm;

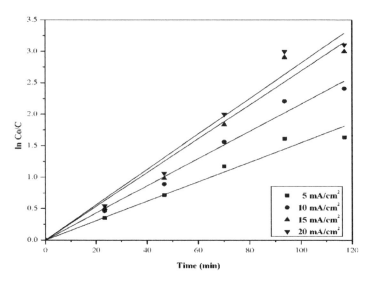

Figura 4.6.4 Meccanismo di degradazione adattato utilizzando il modello cinetico del primo ordine per la modalità di ricircolo batch. Velocità di rotazione del catodo: 250 rpm; pH: 7,5; Portata: 60 l/h;

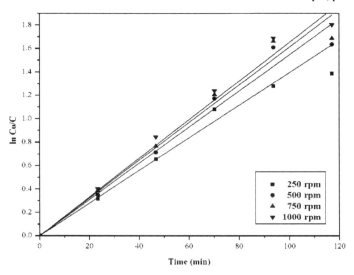

Figura 4.6.5 Meccanismo di degradazione adattato utilizzando il modello cinetico del primo ordine per la modalità di ricircolo batch. Densità di corrente: 15mA/cm$^2$ ; pH: 7,5; Portata: 60 l/h;

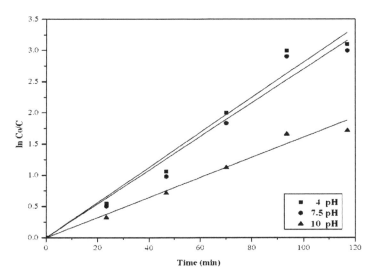

**Figura 4.6.6 Meccanismo di degradazione adattato al modello cinetico del primo ordine per la modalità di ricircolo batch. Densità di corrente: 15mAcm$^{-2}$ ; velocità di rotazione del catodo: 500 rpm; portata: 60 l/h;**

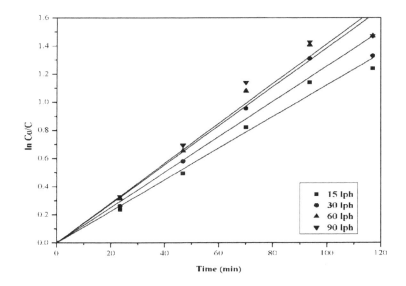

**Figura 4.6.6 Meccanismo di degradazione adattato utilizzando il modello cinetico del primo ordine per la modalità di ricircolo batch. Densità di corrente: 15mA/cm$^2$ ; velocità di rotazione del catodo: 500 giri/min; pH: 7,5;**

## 4.7 ANALISI GC-MS

I composti organici presenti nell'effluente grezzo e nell'effluente trattato sono stati identificati e quantificati mediante analisi GCMS. La Figura 4.7.1 mostra il cromatogramma dell'effluente grezzo. Sono stati identificati e quantificati i frammenti relativi positivi che corrispondono al 90% o più ai composti elencati nelle librerie WILEY e NIST. I principali composti osservati nell'effluente grezzo e le rispettive concentrazioni sono riportati nella Tabella 4.7.1.

**Tabella 4.7.1 Principali composti organici osservati nell'effluente grezzo**

| Componente | R. Tempo (min) | Area | Concentrazione (ppb) |
|---|---|---|---|
| Acetone | 4.610 | 3106149 | 249.57 |
| Cloruro di metilene | 5.073 | 3221352 | 232.84 |
| Acetonitrile | 5.331 | 6609885 | 34.87 |
| Esano | 5.776 | 618999 | 59.09 |
| Toluene | 12.79 | 2819665 | 90.06 |

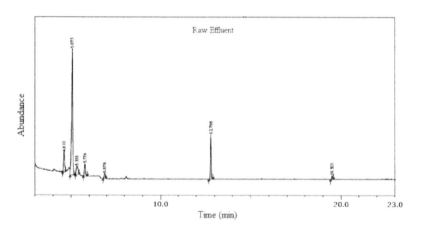

Figura 4.7.1 Spettri GC-MS degli inquinanti organici nell'effluente grezzo

La Figura 4.7.2 mostra il cromatogramma dell'effluente trattato alle condizioni ottimizzate (15mA/cm², 500 rpm e 7,5pH). Dopo 2 ore di trattamento, molti dei picchi osservati nell'effluente grezzo sono scomparsi. Tuttavia, il picco corrispondente all'esano è rimasto intatto. Pertanto, dopo l'elettroossidazione, la maggior parte dei composti organici è stata mineralizzata in $CO_2$ e $H_2O$, mentre il picco corrispondente all'esano è rimasto intatto. Si può affermare che l'esano è rimasto stabile durante l'elettroossidazione e non ha subito cambiamenti.

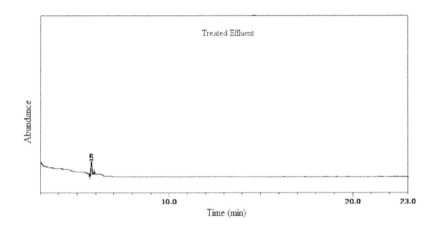

Figura 4.7.2 Spettri GC-MS degli inquinanti organici nell'effluente trattato

39

# CAPITOLO 5

## CONCLUSIONE

Il trattamento elettrochimico degli effluenti di conceria è stato effettuato utilizzando un nuovo reattore elettrochimico a disco rotante in modalità batch, batch recirculation e Once through, utilizzando un anodo di titanio *rivestito* di *Ti/RuOx-* TiOx. È stato esaminato l'effetto di importanti parametri operativi come la densità di corrente, la velocità di rotazione del catodo e il pH iniziale sull'efficienza di rimozione del TOC e sul consumo energetico.

Le condizioni ottimali per la modalità batch sono state rilevate con una densità di corrente di 15mA/cm$^2$ , velocità di rotazione del catodo: 500 rpm, pH: 7,5 e si è ottenuta una rimozione di TOC del 91,2% per un tempo di trattamento di 2 ore. Le condizioni ottimali per la modalità di ricircolo in batch sono state trovate ad una densità di corrente di 15mA/cm$^2$ , velocità di rotazione del catodo: 500 rpm, pH: 7,5, portata: 60 l/h e si è ottenuta una rimozione di TOC del 95%. In modalità Once through i valori ottimali sono stati densità di corrente: 20mA/cm$^2$ , velocità di rotazione del catodo: 500 rpm, pH: 7,5 e portata: 2 l/h e si è ottenuta una rimozione di TOC del 58,2%. I valori di consumo energetico specifico ottenuti sono stati 106,1, 2,65 e 205,6 KWh/g di TOC rimosso rispettivamente per le modalità batch, batch recirculation e once through. Lo studio cinetico del meccanismo di degradazione è stato adattato utilizzando la cinetica del primo ordine ed è risultato adeguato. L'analisi GC-MS ha mostrato che la maggior parte degli inquinanti organici presenti nell'effluente è stata degradata e il processo non ha prodotto intermedi dannosi. L'elettroossidazione può quindi essere impiegata come tecnica di trattamento terziario rispetto al processo di adsorbimento attualmente utilizzato.

# RIFERIMENTI

1.    Ahmed Basha, P. A. Soloman, M. Velan, N. Balasubramanian, L. Roohil Kareem, (2009) "Participation of Electrochemical Steps in Treating Tannery Wastewater", *Ind. Eng. Chem. Res.,* 48, 9786-9796.

2.    Bejan, D., Lozar, J., Falgayrac, G., Saval, A., (1999) "Assistenza elettrochimica dell'ossidazione catalitica in fase liquida con ossigeno molecolare: ossidazione dei tolueni", *Catal. Today* 48 (4), 363-369.

3.    Burstein, G.T., Barnett, C.J., Kucernak, A.R., Williams, K.R., (1997) "Aspetto dell'ossidazione anodica del metanolo", *Catal. Today* 38 (4), 425-437.

4.    Chen, (2004) "Electrochemical technologies in wastewater treatment", *Sep. Purif. Technol.* 38 11-41.

5.    Comninellis, Ch., (1992) "Electrochemical treatment of wastewater containing phenol", *IChemE* 70 (Part B), 219-224.

6.    Do, J.S., Yeh, W.C., (1995) "Degradazione in situ della formaldeide con ipoclorito elettrogenerato", *J. Appl. Electrochem.* 25 (5), 483-489.

7.    Feng, J., Houk, L.L., Johnson, D.C., Lowery, S.N., Carey, J.J., (1995) "Electrocatalysis of anodic oxygen transfer reactions: the electrochemical incineration of benzoquinone", *J. Electrochem. Soc.* 142 (11), 3626-3632.

8.    Fleszar, B., Ploszynska, J., (1985) "Un tentativo di definire il meccanismo di ossidazione elettrochimica di benzene e fenolo", *Electrochim. Acta* 30 (1), 31-42.

9.    Kowal, A., Port, S.N., Nichols, R.J., (1997) Elettrocatalizzatori a base di idrossido di nichel per reazioni di ossidazione dell'alcol: valutazione mediante spettroscopia infrarossa e metodi elettrochimici. *Catal. Today* 38 (4), 483-492.

10.   Lin, S.H., Wu, C.L., (1996) "Rimozione elettrochimica di nitriti e ammoniaca per l'acquacoltura", *Water Res.* 30, 715-721.

11.   Marinerc, L., Lectz, F.B., (1978). Elettro-ossidazione dell'ammoniaca nelle acque reflue. *J. Appl. Electrochem.* 8, 335-345.

12.   Meneses, E. S.; Arguelho, M. L. P. M.; Alves, J. P. H (2005) "Electroreduction of the antifouling agent TCMTB and its electroanalytical determination in tannery wastewaters", *Talanta*, 67, 682.

13.   Mingshu, L.; Kai, Y.; Qiang, H.; Dongying, J. (2005) 'Biodegradation of Gallotannins and Ellagitannins'. *J. Basic Microbiol.* , 46, 68.

14.   Otsuka, K., Yamanaka, I., (1998) Celle elettrochimiche come reattore per l'ossigenazione selettiva di idrocarburi a bassa temperatura. *Catal. Today* 41, 311-325.

15.   Polcaro, A.M., Palmas, S., (1997) Ossidazione elettrochimica dei clorofenoli. *Ind. Eng. Chem. Res.* 36, 1791-1798.

16.   Ramasami, T., Rao, P.G., (1991) International Consultation Meeting on Technology and Environmental

Upgradation in Leather Sector, NewDelhi, pp. T1-1-T1-30.

17.    Szpyrkowicz, L., Juzzolino, C., Kaul, S.N., Daniele, S., (2000). Ossidazione elettrochimica di bagni di tintura contenenti coloranti dispersi. *Ind. Eng. Chem. Res.* 39, 3241-3248.

18.    Szpyrkowicz, L.; Kaul, S. N.; Neti, R. N.; Satyanarayan, S. (2005), 'Influence of Anode Material on Electrochemical Oxidation for the Treatment of Tannery Wastewater'. *Water Res.*, 39, 1601.

19.    Szpyrkowicz, L., Zilio Grandi, F., Kaul, S.N., Rigoni-Stern, S., (1998). Trattamento elettrochimico di acque reflue contenenti cianuro di rame con elettrodi di acciaio inossidabile. *Water Sci. Technol.* 38 (10), 261-268.

20.    Tunay, O.; Kabdasli, I.; Orhon, D.; Ates, (1995). Caratterizzazione e profilo di inquinamento dell'industria conciaria in Turchia. *Water Sci. Technol.* 32, 1.

21.    Vijayalakshmi, G. Bhaskar Raju e A. Gnanamani, (2011) "Advanced Oxidation and Electrooxidation as tertiary treatment techniques to improve the purity of tannery wastewater". *IndEng Chem Res.* 50(17), 10194-10200.

22.    Nassar, M. M.; Fadali, O. A.; Sedahmed, G. H. (1983) "Decolorazione degli effluenti di sbiancamento delle cartiere mediante ossidazione elettrochimica". *Pulp Paper Can.* 84(12), 95-98.

23.    Camporro, A.; Camporro, M. J.; Coca, J.; Sastre, H. (1994) "Regeneration of an activated carbon bed exhausted by industrial phenolic wastewater". *J Hazard Mater.* Volume 37, numero 1, pagine 207-214.

24.    Josimar, R; Adalgisa, R. (2006) 'Investigation of the electrical properties, charging process and passivation of RuO2-Ta2O5 oxide films'. *J Electroanal Chem.* Volume 592, Issue2, 153-162.

25.    De Faria, L.A; Boodts, J.F.C; Trasatti, S. (1997) 'Electrocatalytic properties of Ru + Ti + Ce mixed oxide electrodes for the Cl2 evolution reaction'. *Electrochem. Acta.* 42, Edizione 23-24, 3525-3530.

26.    Solomon P.A.; Ahmed Basha C.;Velan M.;Balasubramanian N.; Marimuthu P. (2009) 'Augmentation of biodegradability of pulp and paper industry wastewater by electrochemical pre-treatment and optimization by RSM'. *Sep. Purif. Technol.* 69(1), 109-117.

27.    Otsuka, K.; Yamanaka, I.(1998) "Celle elettrochimiche come reattore per l'ossigenazione selettiva di idrocarburi a bassa temperatura". *Catal Today.* 41, 311-325.